Michael Henneke

Xiaomi Mi Band:
Anleitung, Tipps & Tricks - das inoffizielle Handbuch

http://www.miband-handbuch.de/

Wichtiger Hinweis:
Alle in diesem Werk veröffentlichten Ratschläge und Verfahren wurden mit größter Sorgfalt von Verfasser und Verlag erarbeitet und geprüft. Trotzdem sind Fehler nicht ganz auszuschließen. Der Verlag und der Autor sehen sich deshalb gezwungen, darauf hinzuweisen, dass sie weder eine Garantie noch die juristische Verantwortung oder irgendeine Haftung für Folgen, die auf fehlerhafte Angaben zurückgehen, übernehmen können. Für die Mitteilung eventueller Fehler sind Verlag und Autor jederzeit dankbar. Gleiches gilt für Anregungen, Verbesserungsvorschläge, Erfahrungsberichte usw.
Mitteilungen senden Sie bitte über unser Kontaktformular ein:
http://www.miband-handbuch.de/kontakt

Internetadressen oder Versionsnummern stellen den bei Redaktionsschluss verfügbaren Informationsstand dar. Autor und Verlag übernehmen keinerlei Verantwortung oder Haftung für Veränderungen, die sich aus nicht von ihnen zu vertretenden Umständen ergeben. Eventuell beigefügte oder zum Download angebotene Dateien und Informationen dienen ausschließlich der nicht gewerblichen Nutzung. Eine gewerbliche Nutzung ist nur mit Zustimmung des Lizenzinhabers möglich.

Die Wiedergabe von Gebrauchsnamen, Warenbezeichnungen, Handelsnamen usw. in diesem Werk berechtigt auch ohne besondere Kennzeichnung nicht zu der Annahme, dass solche Namen im Sinne der Warenzeichen- oder Markenschutz-Gesetzgebung als frei zu betrachten wären und daher von jedermann benutzt werden dürften.

Alle Rechte, insbesondere das Recht der Vervielfältigung und Verbreitung sowie der Übersetzung, vorbehalten. Kein Teil des Werkes darf in irgendeiner Form (z. B. durch Fotokopie, PDF oder ein anderes Verfahren) ohne schriftliche Genehmigung des Verlages reproduziert oder unter Verwendung elektronischer Systeme gespeichert, verarbeitet, vervielfältigt oder verbreitet werden.

Die Schreibweise entspricht den Regeln der neuen Rechtschreibung.

Lektorat: Wolfgang Stiebling
Fachlektorat: Sebastian Lindenbeck
Korrektorat: Dagmar Reinhart
Herstellung und Verlag: BoD - Books on Demand, Norderstedt
© 2015 K&M Mediamarketing, Rostock
Bildnachweis: © Praneat / Fotolia.com (Umschlag)
Satz und Umschlaggestaltung: SiR

Zur Herstellung wird nur säure-, holz- und chlorfreies Papier verwendet. Alterungsbeständig nach DIN-ISO 9706.

Printed in Germany.

Bitte seien Sie fair und nutzen Sie dieses Fachbuch nur, wenn Sie es auf legalem Wege erworben haben.

ISBN-13: 978-3-7357-9190-0

Inhaltsverzeichnis

Grundlagen für Einsteiger — 7

Fitnesstracker oder Smartwatch-Ersatz? — 8

Welche Geräte werden unterstützt? — 9

Zusammenspiel Mi Band und App — 10

Der Beschleunigungssensor — 11

Akkulaufzeit — 13

Akkuwechsel — 15

Ist es wasserdicht? — 16

Ist es Stoßfest? — 17

Design, Verarbeitung und Lieferumfang — 18

Ist es Giftfrei? — 20

Umgebungstemperaturen — 21

Inbetriebnahme — 22

Mi Band günstig und sicher kaufen — 24

Fälschungen erkennen — 27

Bedeutung LED-Anzeige (Farben / Blinken) — 29

Technische Daten — 31

Wer ist Xiaomi?	33
Gibt es Alternativen?	34
Zubehör für das Mi Band	36

Mi Fit-App und Bedienung — 42

Download-Quellen & Unterschiede	42
Account erstellen / Registrierung	46
Erstmaliges Anmelden / Pairing	48
Funktionen im Detail	49

Nützliche Tipps — 52

Mehrere Bluetooth-Verbindungen	52
Parallele Konten	53
Uhr-Geste	54
Firmware-Update	56
Gravur	57
Nickname ändern	58
Datensicherung	59
Strahlungsintensität	60
Uhrzeit stimmt nicht	61
Powerbank	62

Ausleseintervalle 63

Erweiterte Benachrichtigungseinstellungen fehlen 64

Trageposition des Bands 68

Bluetooth 4.0 fehlt 69

Mi Band resetten 70

Bluetooth Verbindungsfehler 71

Firmware-Update fehlgeschlagen 72

Ein- und Ausschalter 73

Anmeldeproblem in der App 74

Fehlender Benachrichtigungszugriff 75

Offizielle API 76

Kern befestigen 77

Fahrradfahren tracken 78

Diebstahlalarm 79

Inaktivitätsalarm bei zu langem Sitzen 80

Bluetooth ID 82

Automatische Entsperrung 83

Daten exportieren 84

Google Fit / Apple Health nutzen 85

Schlafanalyse und Wecker 86

Schlafanalyse und Wecker 86

Unruhige Umgebung	89
Schlafwandler	90
Lichtabhängigkeit	91
Mittagsschlaf	92
Anzahl der Weckzeiten	93
Vibrationen ändern	94
Autarker Wecker?	95
Early Bird Alarm	96
Schichtarbeiter	99
Weckfunktion abbrechen	100
Schlafzeit manuell anpassen	101

Zu guter Letzt 102

Buchtipp 103

Grundlagen für Einsteiger

Günstiger als mit dem Xiaomi Mi Band kann man derzeit seine Schritte kaum zählen. Mit einem Preis von unter 20 Euro dürfte es das wohl günstigste Sportgadget eines etablierten Herstellers auf dem Markt sein.

Doch was genau vermag das Mi Band zu leisten? Bevor wir uns mit der Bedienung sowie dem Tuning auseinandersetzen, wollen wir zunächst klären, welche Funktionen es im Detail bietet und für welche Einsatzzwecke es sich überhaupt eignet. Ferner begleitet Sie dieses Kapitel bei der Erstinbetriebnahme, erklärt die Möglichkeiten der LED-Anzeige und nennt seriöse Bezugsquellen.

Die Funktionen Schlafanalyse, intelligenter Wecker, Schrittzähler sowie der Vibrationsalarm für Anrufe und Nachrichten werden in den Folgekapiteln erläutert.

Packen wir es an!

PS: Neuigkeiten zum Mi Band finden Sie auf der Begleithomepage zum Buch:
http://www.miband-handbuch.de/

> **Fitnesstracker oder Smartwatch-Ersatz?**
> Ist das Mi Band nur als Fitness-Tracker zu verstehen oder kann es sogar eine Smartwatch ersetzen?

Das Xiaomi Mi Band vermag weitaus mehr, als lediglich die Schritte seines Trägers zu zählen. Konkret enthält es folgende Kernfunktionen:

- Fitness-Tracker (d. h. Schrittzähler inklusive Distanz- und Kalorienmesser)
- Tagesziel zur Motivation definieren (z. B. 8000 Schritte)
- Schlafphasen überwachen
- Intelligenter Wecker
- Vibrationsalarm für Anrufe und Nachrichten

Es konzentriert sich somit auf einige wenige Hauptfunktionen, die wir später noch im Detail beleuchten werden. Mit einem Smartwatch ist es jedoch nicht vergleichbar, da es kein Display besitzt und sich auch keine weiteren Apps installieren lassen. Dennoch kann das Mi Band eine Alternative zu einer Smartwatch darstellen. Nicht jeder kann sich mit dem recht klobigen Design einer Smartwatch anfreunden, benötigt mehr als die oben genannten Funktionen oder möchte nicht gleich mehrere hundert Euro investieren.

Welche Geräte werden unterstützt?

Welche Geräte (Hard- und Software) werden vom Mi Band unterstützt?

- Android: Grundsätzlich kann sich das Mi Band mit jedem Smartphone bzw. Tablet verbinden, auf welchem Android ab Version 4.3 installiert ist und das Bluetooth 4.0 unterstützt.

- iOS: Grundsätzlich alle Geräte auf denen iOS ab Version 7.1 installiert ist und Bluetooth 4.0 unterstützen (also auch ältere iPhones wie das 4S, 5, 5C oder iPads).

- Windows Phone ab Version 8.1.

Zusammenspiel Mi Band und App
Wie funktioniert das Zusammenspiel zwischen Mi Band und App?

In ganz einfachen Worten erklärt, funktioniert das Zusammenspiel zwischen dem Mi Band und Ihrem Smartphone wie folgt: Da das Mi Band selbst kein Display besitzt, erfolgt die Konfiguration bzw. das Auslesen der Daten mithilfe des Displays Ihres Smartphones. Zu diesem Zweck müssen Sie eine kompatible App installieren (nähere Informationen finden Sie im Kapitel "Mi Fit-App").

Die App fungiert als eine Art Verwaltungszentrale für den Tracker. Hier können Sie sich einerseits die aufgezeichneten Daten anzeigen lassen (z. B. Ihre Schlafphasen oder Ihre zurückgelegten Schritte). Anderseits definieren Sie hier sämtliche Einstellungen (z. B. Tagesziele festlegen, die Anruf-Benachrichtigung oder den Wecker einstellen).

Die Kommunikation zwischen Mi Band und Ihrem Handy erfolgt via Bluetooth. Grundsätzlich ist die Bluetooth-Verbindung lediglich zum Synchronisieren der Daten erforderlich. Möchten Sie jedoch in Echtzeit über Anrufe oder WhatsApp-Nachrichten informiert werden, muss natürlich eine permanente Bluetooth-Verbindung zwischen Tracker und Smartphone bestehen.

Der Beschleunigungssensor
Wie genau werden die Schritte erfasst?

Das Mi Band misst Bewegungen mithilfe des 3-Achsen Beschleunigungssensors Analog ADXL362 MEMS Accelerometer, siehe: http://www.analog.com/en/products/mems/mems-accelerometers/adxl362.html

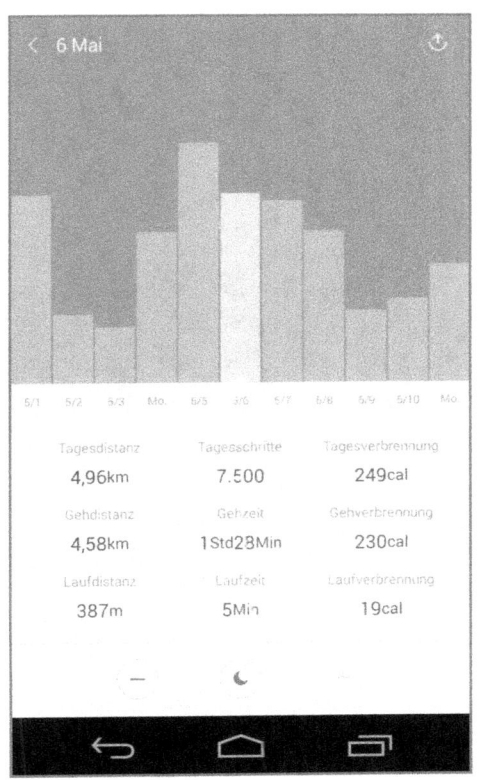

Detaillierte Tagesauswertung der absolvierten Schritte in der Mi Fit App.

Konkret versucht der Beschleunigungssensor, typische Schrittbewegung zu erfassen. Der Tracker kann eine erfasste Bewegung jedoch nicht immer korrekt interpretieren, nur der Anwender weiß, was er bei der Bewegung seines Handgelenks konkret gemacht hat. Das bedeutet, dass er Bewegungen beim Laufen, Haare waschen, Zwiebeln schneiden nicht immer zweifelsfrei unterscheiden kann — er registriert nur, dass eine Bewegung stattgefunden hat. Aus diesem Grund stimmen die Werte auch niemals zu 100 Prozent mit der Realität überein.

In der Praxis sind die Abweichungen jedoch weitaus geringer, als man vermuten mag. Im Rahmen der Recherche zu diesem Buch wurden von unterschiedlichen Personen tausende gelaufene Schritte manuell mitgezählt und mit den ausgelesenen Werten verglichen. Zwar hatte das Mi Band grundsätzlich etwas mehr Schritte gezählt, die Abweichung lag jedoch stets bei (knapp) unter 5 Prozent.

Dennoch sollten Sie insbesondere die physikalischen Grenzen, denen das Mi Band unterworfen ist, bei der Interpretation Ihrer Daten im Hinterkopf behalten. Beispielsweise bekommt der Tracker beim Schieben eines Kinder- oder Einkaufswagens lediglich einen einmaligen Impuls, ansonsten erfährt er kaum eine Beschleunigung und zählt keine Schritte. Ähnliches gilt auch beim Fahrradfahren, wobei man hier etwas tricksen kann (siehe hierzu die Tipps im Kapitel "Fahrradfahren tracken").

Bei typischer Schreibtischarbeit werden hingegen sehr selten Bewegungen fälschlicherweise als Schritte interpretiert. Ferner hat es sich bewährt, das Band grundsätzlich nicht an der dominanten Hand zu tragen (Rechtshänder sollten das Band also nicht rechts, sondern links tragen!). Tätigkeiten, wie das bereits genannte Schneiden von Zwiebeln, die typischerweise vor allem mit der dominanten Hand ausgeführt werden, werden dadurch seltener als Laufbewegung fehlinterpretiert.

Akkulaufzeit
Wie lange hält der Akku durch?

Die Akkulaufzeit ist eines der absoluten Highlights des Mi Bands. Xiaomi selbst gibt eine Laufzeit von 4 Wochen an. Zugegebenermaßen sorgt diese Aussage zunächst für Skepsis. Tatsächlich sind die angegebenen 4 Wochen jedoch ein realistischer Durchschnittswert.

Akkustand nach über vier Monaten Nutzung.

Wie lange eine Akkuladung konkret hält, ist natürlich von der Nutzungsintensität abhängig. Bei permanenter Nutzung von Bluetooth und sehr häufigem Vibrieren sinkt die Akkulaufzeit drastisch ab. Wird hingegen das Band hingegen primär als Tracker für Schlaf- und Schrittdaten genutzt, hält der Akku mindestens 6 Wochen durch.

Den aktuellen Akkustand können Sie sich anzeigen lassen, wenn Sie innerhalb der Mi Fit-App das Menü "Einstellungen" aufrufen.

Akkuwechsel

Kann ich den Akku wechseln?

Nein, der Lithiumionenakku (41 mAh Single Cell) ist fest verbaut, ein beschädigungsfreies Öffnen des Gehäuses ist nicht vorgesehen.

Ist es wasserdicht?

Ist das Mi Band wasserdicht?

Ja, das Mi Band hat eine IP67-Zertifizierung erhalten und ist damit staubdicht sowie bis zu einer Tauchtiefe von einem Meter auch wasserdicht. Vergleiche:
http://de.wikipedia.org/wiki/Schutzart

Duschen bzw. Baden stellt also absolut kein Problem dar. Jedoch sollte man beim Schwimmen oder bei der Benutzung der Wasserrutsche das Band eher nicht mitführen, da die Gefahr besteht, dass der Kern aus dem Armband rutscht oder das gesamte Armband sich löst und verloren geht.

Ist es Stoßfest?

Ist das Mi Band stoßfest? Worauf sollte ich achten, wenn ich es beim Sport trage?

Xiaomi gibt hierzu Folgendes an: „Drop tested 1.2m. Dropped 12 times on marble surface from a height of 1.2m."

Nach unserer Erfahrung kann der Kern durch Stürze und Stöße irreversibel beschädigt werden. Beispielsweise ist uns ein Kern aus dem Armband gerutscht und auf dem Steinboden aufgeschlagen. Danach funktionierte zwar noch die Vibrationsfunktion, jedoch wurden keine Schritte mehr erfasst. Auch nach einem Volleyballturnier, bei dem zumindest einmal der Ball mit voller Wucht gegen den Kern prallte, versagte der Tracker seinen Dienst.

Unser Tipp: Nehmen Sie das Mi Band bei sämtlichen Aktivitäten, bei denen es beschädigt werden oder herausfallen könnte, lieber vorsorglich ab. Zumindest gegen ein Herausrutschen können Sie den Kern sichern, wenn Sie bei sportlichen Aktivitäten ein Schweißband über das Mi Band tragen.

Design, Verarbeitung und Lieferumfang

Das Mi Band wird in einer schlichten Pappschachtel geliefert. Darin befindet sich das Armband mit eingesetztem Tracker, ein USB-Ladeadapter und eine Kurzanleitung in chinesischer Sprache.

Das Armband besteht eigentlich aus zwei Komponenten: Dem Armband und dem herausnehmbarem Tracker (letzterer wird auch als "Kern" oder "Reiskorn" bezeichnet).
Der Kern kann aus dem flexiblen Kunststoffband einfach herausgedrückt werden. Bei den ersten Malen ist hier noch etwas mehr Kraftaufwand nötig, doch keine Angst, selbst Grobmotoriker dürften nichts zerstören können.

Das Kunststoffband trägt sich sehr angenehm und bereits nach ein paar Minuten bemerkt man es gar nicht mehr. Der Verschluss besteht aus einem Alu-Knopf, der durch eine Lasche geschoben wird, und anschließend in eines von acht Löchern gesteckt wird. Der Verschluss sitzt absolut fest, ein ungewolltes Lösen konnten wir bisher nicht feststellen.

Der Kern wirkt sehr solide und ist edel verarbeitet. Er besteht an der Unterseite aus Polycarbonat und oben aus einer Magnesium-Aluminium-Legierung, die an der Oberseite angeraut und den Seiten geschliffen ist. An der Seite befinden sich zwei Kontakte, mit denen das Mi Band aufgeladen wird.

Statt eines Displays sind drei LEDs verbaut, welche in verschiedenen Farben Informationen zum Training oder Benachrichtigungen anzeigen können.

Fazit: Das Armband ist leicht, trägt sich bequem und stört im Alltag nicht. Es vereint schlichtes, pragmatisches Design und hohen Tragekomfort. Die acht verschiedenen Größeneinstellungen sind vollkommen ausreichend und sorgen auch an dünnen Ärmchen für einen sicheren Sitz. Lediglich wer sehr kräftige Unterarme / Handgelenke hat, könnte Probleme mit der Länge bekommen. Wer hingegen schlanke Beinchen hat, bekommt es sogar übers Fußgelenk:

```
https://twitter.com/Cyberchamaeleon/
status/569587822337916928
```

Ist es Giftfrei?

Aus welchem Material besteht das Armband? Ist es giftig?

Diese Frage ist absolut berechtigt, da das Mi Band zur dauerhaften Nutzung gedacht ist – und somit permanent mit der Haut in Kontakt kommt. Auch gab es bereits konkrete Probleme mit einem ähnlichen Armband. So musste das Produkt "Fitbit Force" zurückgerufen werden, nachdem einige Nutzer Hautprobleme bemerkten:

http://www.spiegel.de/netzwelt/gadgets/fitbit-rueckrufaktion-fuer-ueber-eine-million-fitness-armbaender-a-958480.html

Das Material, aus dem das Armband von Xiaomi verarbeitet ist, nennt sich Dow Corning TPSiV. Laut Herstellerangabe ist es besonders hautverträglich und beinhaltet keinerlei toxisches Potenzial. Ferner wird die hohe Flexibilität solcher thermoplastischen Silikon-Vulkanisate ohne den Einsatz von Weichmachern erreicht. Nähere Angaben können Sie der Herstellerseite entnehmen:

http://www.dowcorning.com/content/electronics/electronicsproducts/tpsiv-overview.aspx

Überdies gibt Xiaomi an, im Armband sei kein Blei, Quecksilber, Cadmium, Chrom sowie keine Polybromierte Biphenyle und Polybromierte Diphenylether enthalten.

> **Umgebungstemperaturen**
> Kann ich das Mi Band auch bedenkenlos im Sommer bzw. Wintern nutzen, wenn die Umgebungstemperaturen stark schwanken?

Ja, laut Hersteller liegt die zulässige Umgebungstemperatur für den Betrieb zwischen -10 °C und +50 °C. Ergänzend gibt Xiaomi an, dass es hauseigene Temperaturtests überstanden habe, bei denen es jeweils für 128 Stunden Umgebungstemperaturen von -20 °C und +70 °C ausgesetzt war.

Da das Armband körpernah und zumindest im Winter auch unter der Kleidung getragen wird, werden solche Extremwerte kaum erreichbar sein. Grundsätzlich sind Lithiumionenakkus für Temperaturschwankungen jedoch äußerst anfällig, weshalb, rein auf den Funktionserhalt des Akkus bezogen, Raumtemperatur angestrebt werden sollte.

> **Inbetriebnahme**
>
> Das Mi Band ist bei mir angekommen. Welche Schritte sind zur Inbetriebnahme notwendig?

Die Inbetriebnahme erfolgt in drei einfachen Schritten:

1. Laden des Akkus

Als ersten Schritt sollte bzw. muss das Mi Band einmal aufgeladen werden. Drücken Sie hierzu zunächst den Kern aus dem flexiblen Kunststoffband heraus. Bei den ersten Malen ist hierzu noch etwas mehr Kraftaufwand nötig. Doch keine Angst, die Konstruktion ist nicht so kritisch wie beispielsweise das Öffnen eines Handys, Sie können den Kern also beherzt herausdrücken.

Am Kern befinden sich zwei silberne Kontakte. Stecken Sie nun den Kern in die Ladeschale (Ladekontakte nach vorne, silberne Seite nach oben) und schließen Sie den Ladeadapter an eine Stromquelle an (z. B. am USB-Port des Computers oder am Ladegerät vom Handy). Nun warten Sie, bis alle drei LEDs durchgängig grün leuchten, was in der Regel zwei bis drei Stunden dauert. Der Akku ist damit vollständig geladen, die Stromversorgung kann getrennt werden.

2. Installieren der Mi Fit-App

Da das Mi Band kein Display besitzt, erfolgt die Konfiguration bzw. das Auslesen der Daten mithilfe des Displays Ihres Smartphones. Zu diesem Zweck müssen Sie eine kompatible App installieren (nähere Informationen finden Sie im Kapitel "Mi Fit-App").

3. Mit Bluetooth verbinden und Dateneingabe

Da das Mi Band via Bluetooth kommuniziert, muss es nun mit dem Smartphone gepaired (d. h. verbunden) werden, was mithilfe der Mi Fit-App erfolgt.

Aktivieren Sie zunächst die Bluetooth-Funktion Ihres Smartphones und starten Sie die Mi Fit-App (das Mi Band selbst muss nicht aktiviert werden bzw. besitzt keinen Ein- oder Ausschalter). Nach einigen Sekunden blinken die drei LEDs in blauer Farbe und Sie werden von der App aufgefordert, einige Male auf die Oberfläche des Kerns zu tippen (wirklich tippen oder klopfen, d. h. nicht nur sanft streichen, wie vom Smartphone gewöhnt).

Damit ist die Erstsynchronisierung bereits erledigt. Zur konkreten Nutzung der App müssen Sie nun noch notwendige Daten wie Körpergröße, Gewicht und an welchem Handgelenk das Mi Band getragen wird, angegeben. Danach ist die Einrichtung bereits abgeschlossen und das Mi Band beginnt mit der Erfassung Ihrer Aktivitäten.

Erklärungen zu den konkreten Konfigurationsmöglichkeiten der Mi Fit-App finden Sie ebenfalls im Kapitel "Mi Fit-App und Bedienung".

Mi Band günstig und sicher kaufen

Wo kann ich das Mi Band kaufen? Was sind günstige und sichere Bezugsquellen?

Das Mi Band wird nicht direkt in Europa vertrieben. Insofern ist der Erwerb beim nächstbesten Online- oder Offlineshop nicht so ohne Weiteres möglich. Konkret gibt es drei Möglichkeiten:

1. Import beim Fernost-Shop Ihres Vertrauens
Am günstigen ist das Mi Band in der Regel bei sogenannten China-Shops zu erwerben. Diese verschicken die Ware dann direkt aus China, weshalb hier mit Lieferzeiten von ein bis drei Wochen zu rechnen ist. Zoll und Einfuhrumsatzsteuer werden nicht fällig, sofern der Warengesamtwert nicht höher ist als 22 Euro. Nähere Informationen finden Sie auch auf der Internetpräsenz des Bundesministeriums der Finanzen:
http://www.zoll.de/DE/Fachthemen/Zoelle/Zollbefreiungen/Aussertarifliche-Zollbefreiung/Sendungen-mit-geringem-Wert/sendungen-mit-geringem-wert_node.html

Da es auch beim Mi Band zahlreiche Fälschungen gibt, können wir aus eigener Erfahrung nur dazu raten, ausschließlich bei einem der großen, etablierten China-Shops zu bestellen. Gute Erfahrungen haben wir beispielsweise gemacht mit:

http://www.banggood.com/
http://www.tinydeal.com/de/
http://www.gearbest.com/

Teilweise schlechte Erfahrungen haben wir hingegen beim Kauf über eBay gemacht. Außerdem wird das Mi Band dort meistens deutlich teurer gehandelt.

Wie gesagt, aus unserer Erfahrung raten wir zum direkten Kauf bei einem der oben genannten China-Shops, auch wenn dies beim ersten Kontakt mit diesen Seiten abenteuerlich erscheinen mag. Bei Transportschäden, Verlusten oder defekter Ware haben sich diese Shops auch bisher äußerst kulant gezeigt. Für ca. 1,50 Euro Aufpreis bietet z. B. Banggood den Versand per Air Parcel Register (Einschreiben) mit Tracking-Nummer an.

Bezahlen sollten Sie bei allen China-Shops grundsätzlich mit PayPal. Falls doch etwas schief laufen sollte, haben Sie den Käuferschutz von PayPal in petto. Außerdem müssen Sie so keine Kreditkartendaten direkt an einen China-Shop übermitteln.

2. Import beim offiziellen Xiaomi-Zubehörshop
Seit dem 19. Mai 2015 können einige Zubehörprodukte – darunter das Mi Band – sporadisch auch im offiziellen Xiaomi-Zubehörshop bestellt werden:
http://www.mi.com/en/store/

Hauptvorteil der Bestellung im offiziellen Zubehörshop: Sie erhalten garantiert Originalware. Hier muss man aber jedoch fairerweise dazu sagen, dass dieses Risiko bei den oben genannten, etablierten China-Shops de facto kaum besteht. Ansonsten bringt die Bestellung direkt beim Hersteller weder Vor- noch Nachteile: Versendet wird aus China und es werden in jedem Fall Versandkosten berechnet (zum Startschuss betrugen die Versandkosten happige 19,99 US-Dollar).
http://www.mi.com/en/store/service/shipping/

Ob der Xiaomi-Zubehörshop bei der Preisgestaltung, dem Service oder der Liefergeschwindigkeit zumindest mittelfristig neue Maßstäbe beim Direktimport aus Asien setzen kann, bleibt abzuwarten. Mangels Erfahrungsberichten können wir zum jetzigen Zeitpunkt weder zu- noch abraten, dort zu bestellen.

3. Versand aus Europa / Deutschland

Einen durchaus interessanten Mittelweg geht der Anbieter Honorbuy.com: Er lässt die Kunden entscheiden, ob der Versand aus China, Europa oder Deutschland erfolgen soll. Honorbuy (ehemals Xiaomishop.com) betreibt zu diesem Zweck mehrere EU-Außenlager, was für den Anbieter natürlich zusätzliche Kosten verursacht, die sich in einem höheren Preisniveau niederschlagen.

Im Gegenzug erhält der Kunde seine Ware binnen weniger Tage und auch eventuelle Probleme mit dem Zoll entfallen. Der letztgenannte Grund ist beim Mi Band kaum ein Risiko, wer sich jedoch für ein Smartphone von Xiaomi interessiert, für den könnte Honorbuy eine interessante Alternative darstellen.

Eine Auflistung der Produkte, die via EU-Außenlager vertrieben werden, finden Sie auf der Website von Honorbuy unter dem Punkt "EU DIRECT". Legen Sie das entsprechende Produkt in den Warenkorb, wählen Sie dort als Empfängerland "Germany" aus und schon werden Ihnen die Preisaufschläge für den Versand aus Europa und Deutschland angezeigt.
http://www.honorbuy.com/content/8-why-buy-here-xiaomi

Teilweise finden sich auch eBay-Händler bzw. externe Verkäufer über den Amazon.de Marketplace, die das Mi Band direkt aus Deutschland versenden. Wenn Sie ganz auf Nummer sicher gehen oder nicht warten wollen, können Sie alternativ auch diese Möglichkeit wählen. Studieren Sie unbedingt vorab die Bewertungen der Verkäufer, um sicherzustellen, dass der Versand tatsächlich aus Deutschland erfolgt. Zum Teil finden sich auf beiden Plattformen Händler, die als Versandort Deutschland angeben, tatsächlich aber aus China versenden. Diese Händler lassen sich aber durch die zahlreichen negativen Bewertungen sehr gut herausfiltern.
http://amzn.to/1Fi3fF9

Fälschungen erkennen

Sind Fälschungen des Mi Bands im Umlauf? Woran kann ich sie erkennen?

Trotz des günstigen Preises (der Hersteller gibt 79 Yuan an, der Straßenpreis in China liegt aber noch einmal ca. 20 Prozent darunter) werden zahlreiche Fälschungen in den Markt gedrückt. Nach unseren Beobachtungen tauchen solche Plagiate auch immer wieder bei eBay-Händlern, externen Amazon-Marketplace-Verkäufern sowie kleineren China-Shops auf.

Anhand der eingestellten Produktbilder lassen sich Fälschungen jedoch kaum erkennen, zumal die Bilder auch nicht mit der tatsächlich verschickten Ware übereinstimmen müssen. Hinzu kommt, dass die optischen Abweichungen des Plagiats meist recht gering sind, sodass eine Beurteilung nur mit einem Referenzband möglich ist. Beispielsweise ist der Kern nicht wirklich plan zum Rand hin eingefasst, das Kunststoffband ist nicht so flexibel (kein giftfreies TPSiV) oder die Dimensionen des Armband-Knopfs bzw. die zugehörigen Löcher weichen ab.

Kennzeichnend bei eigentlich fast allen Fälschungen ist ferner eine sehr geringe Akkulaufzeit von nur wenigen Tagen. Viele geprellte kommen überhaupt erst durch diesen Umstand auf die Idee, dass sie eine Nachahmung in ihren Händen halten können und beginnen zu Recherchieren.

Bei einigen Produkten bietet Xiaomi selbst eine Prüfung auf Echtheit an. So enthält z. B. die in Deutschland ebenfalls sehr beliebte Xiaomi-Powerbank einen "braunen Aufkleber" mit einem 20-stelligen Code, der unter folgender URL eingegeben werden kann:
http://order.mi.com/service/dyscode

Leider enthält das Mi Band einen solchen Aufkleber nicht. Insofern können Sie sich nur vor Plagiaten schützen, in dem Sie die grundsätzlichen Regeln beherzigen, die im Kapitel "Mi Band günstig und sicher kaufen" dargelegt sind: Bestellen Sie direkt bei Xiaomi oder bei einem der großen, etablierten China-Shops und bezahlen Sie ausschließlich mit PayPal (Käuferschutz!).

Hinweis: Einige (seriöse) Anbieter tauschen die originale Pappschachtel gegen eine flachere Variante aus, um Portokosten zu sparen. Tinydeal beispielsweise bietet eine solche – um ca. ein Euro vergünstigte Variante – an, die an der Bezeichnung "Simplified Package" zu erkennen ist.

Bedeutung LED-Anzeige (Farben / Blinken)

Welche unterschiedlichen Anzeige-Modi der LEDs sind ab Werk eingestellt?

1.) Alle LEDs blinken in blauer Farbe: Diese Anzeige kann Ihnen in folgenden Situationen begegnen: Einerseits bei der Erstsynchronisierung (Bluetooth Pairing), und andererseits, wenn Sie entweder die sogenannte Uhr-Geste ausführen oder Ihr tägliches Ziel erreicht haben (siehe nächster Punkt).

2.) Wenn Sie die Uhr-Geste (vergleiche entsprechendes Kapitel) ausführen, erhalten Sie eine optische Rückmeldung, inwieweit Sie Ihr tägliches Ziel bereits erreicht haben:

- Eine blaue LED blinkt = Weniger als 1/3 des Tagesziels wurde bisher erreicht.
- Eine blaue LED leuchtet dauerhaft, die zweite blinkt = Mehr als 1/3 des Tagesziels wurde bisher erreicht.
- Zwei blaue LEDs leuchten dauerhaft, die dritte blinkt = Mehr als 2/3 des Tagesziels wurde bisher erreicht.
- Alle drei blauen LEDs leuchten dauerhaft = Ihr tägliches Ziel wurde erreicht.

3.) Alle LEDs blinken in roter Farbe: Der Akkustand ist sehr niedrig, bitte laden Sie das Mi Band auf.

4.) Eine oder mehrere LEDs blinken in grüner Farbe: Sie laden das Mi Band gerade auf.

5.) Alle LEDs leuchten dauerhaft in grüner Farbe: Der Akku ist vollständig geladen, bitte trennen Sie die Stromversorgung.

Technische Daten

Die technischen Daten im Überblick:

Hersteller	Xiaomi
Bezeichnung	Mi Band
Wasserfestigkeit	IP67 professional level
Display	Drei LEDs
Ladezugang	Via USB-Kabel
Bluetooth	Bluetooth 4.0; SmartBond DA14580, siehe http://www.dialog-semiconductor.com/products/bluetooth-smart/smartbond-da14580
Akku	Lithiumionenakku (41 mAh Single Cell), Akkulaufzeit ca. 30 Tage
Zulässige Umgebungstemperatur	-10 °C – +50 °C
Beschleunigungssensor	Analog ADXL362 MEMS Accelerometer, siehe http://www.analog.com/en/products/mems/mems-accelerometers/adxl362.html
Speicher	Winbond Serial Flash Memory 256 KB, siehe http://www.winbond.com/hq/product/code-storage-flash-memory/serial-nor-flash/?__locale=en&density=2Mbit%28256KB%29

Konverter	Texas Instruments TPS62736 50 mA Output, siehe http://www.ti.com/product/tps62736#descriptions
Materialien	Oberfläche Kern: Aluminium, Unterseite Kern: Makrolon, Armband: IPSiV, Armband-Knopf: Aluminium
Gewicht	13 g (5 g ohne Armband)
Lieferumfang	Armband, Tracker, USB-Ladekabel

Wer ist Xiaomi?
`Ist Xiaomi eine seriöse Firma?`

Xiaomi Tech ist ein chinesischer Smartphone-Hersteller, der 2010 gegründet wurde. Obwohl die Firma außerhalb Asiens weitgehend unbekannt ist, spielt sie im weltweiten Vergleich eine nicht unbedeutende Rolle. So ist Xiaomi seit Dezember 2013 in China Marktführer im Smartphone-Segment, seit Oktober 2014 wird er als der drittgrößte Smartphone-Hersteller der Welt gelistet. Laut dem BCG-Ranking zählt Xiaomi zu einem der 50 innovativsten Unternehmen weltweit (Platz 35 vor Yahoo und hinter Boeing).

Der Grund, weshalb der Konzern in der westlichen Welt relativ unbekannt ist, ist simpel: Die Geräte wurden bis Mai 2015 offiziell nicht in Europa oder den USA vertrieben. Erst auf dem Mobile World Congress (MWC) 2015 in Barcelona wurde angekündigt, Zubehörprodukte wie das Mi Band, Akkus oder Kopfhörer zukünftig über die eigene Website auch in Europa anzubieten. Der Verkauf von Smartphones ist hingegen nicht geplant. Aus Sicht der europäischen Käufer ist dies bedauerlich, da die Xiaomi-Smartphones, ebenso wie das Mi Band, ein hervorragendes Preis-Leistungs-Verhältnis besitzen und den hiesigen Smartphone-Markt ordentlich aufmischen könnten.

Randnotiz: Xiaomi (ausgesprochen in etwa: "Schau-Mi") bedeutet wortwörtlich übersetzt "kleiner Reis". Im übertragenden Sinn soll das Reiskorn für den kleinen Anfang des Unternehmens stehen.

> **Gibt es Alternativen?**
>
> Gibt es gleichwertige Alternativen?

Das Mi Band besticht vor allem durch folgende Parameter:

- Etablierter Hersteller
- Kompatibel mit iOS, Android und Windows Phone
- Akkulaufzeit ca. 30 Tage
- Preis unter 20 Euro

Um es kurz zu machen: Uns ist keine ernst zu nehmende Alternative bekannt, die in allen genannten Belangen ebenbürtig ist.

Die meisten Konkurrenzprodukte, wie beispielsweise das Jawbone UP oder das Fitbit Flex, sind schlicht und einfach deutlich teurer. Bei anderen Geräten hapert es an der Kompatibilität oder der Akkulaufzeit. Von No-Name-Chinageräten raten wir komplett ab, da es sich für ein paar Euro Ersparnis nicht lohnt, Risiken im Hinblick auf die Produktqualität und -sicherheit einzugehen.

Eingeschränkt empfehlen können wir als Alternative lediglich das Sony SmartBand SWR10. Eingeschränkt deshalb, weil es lediglich mit Android-Geräte (ab Version 4.4) kompatibel ist – Apple Anwender bleiben also außen vor. Auch ist die Akkulaufzeit mit ca. 10 Tagen deutlich geringer. Wer aber mit diesen Einschränkungen leben kann, erhält eine grundsolide Hard- und Software, die in unseren Tests überzeugen konnte. In Deutschland werden die Geräte ab ca. 30 Euro gehandelt: `http://amzn.to/1Qcit3F`

Wer unbedingt ein kleines Display haben möchte (z. B. zur Anzeige der Uhrzeit), für den könnte ferner der "TW64" oder auch der "Vidonn X6 IP65" interessant sein. Beide Fitness-Tracker liegen preislich ungefähr gleichauf mit dem Mi Band, haben aber einige Nachteile: Akkulaufzeit, Genauigkeit der getrackten Daten und vor allem die zugehörigen Apps namens "Movenow Plus" und "Vidonn" waren bei unseren Tests qualitativ deutlich schlechter als beim Mi Band. Dennoch können die Geräte interessant sein für alle, die absolut nicht auf ein Display verzichten wollen.

Links TW64 / Movnow Plus:

https://itunes.apple.com/app/id917599587

https://play.google.com/store/apps/details?id=com.veclink.movnow.healthy&hl=de

http://www.tinydeal.com/tw64-smart-bracelet-wristband-bluetooth-40-sleep-tracking-band-p-146285.html

Links Vidonn X6 IP65 / Vidonn:

https://itunes.apple.com/app/id698023039

https://play.google.com/store/apps/details?id=com.sz.vidonn&hl=de

https://www.allbuy.com/detail/0ffe7ea5-fdb3-43b0-888d-6ae19adb960a

Zubehör für das Mi Band

1.) Offizielles Zubehör

Lederarmband
Bereits im Sommer 2014 tauchten im Netz erste Fotos eines edel anmutenden Lederarmbands auf. Viele Monate tat sich nichts, obwohl gelegentlich Vertriebschef Hugo Barra mit der Ledervariante gesichtet wurde. Viele Mi Band-Fans hatten die Hoffnung auf eine "de luxe Variante" schon aufgeben, doch im April 2015 bestätigte Xiaomi schließlich die zeitnahe Verfügbarkeit. Zunächst tauchte das Lederarmband nur im chinesischen (offiziellen) Xiaomi-Onlineshop auf:
http://item.mi.com/1151500052.html

Auch wir waren begeistert, als wir das erste Exemplar erhielten: Die Optik macht Freude und die Verarbeitungsqualität ist tadellos. Das braune Band erinnert stark an ein Uhrenarmband, nicht zuletzt da als Verschluss nun eine Dornschließe aus Edelstahl fungiert. Der Kern wird in einem Korpus aus Edelstahl eingelegt und verschraubt (Schraubendreher liegt bei).

Gewöhnungsbedürftig ist allerdings die Preisgestaltung. Stolze 199 Yuan werden im Xiaomi-Onlineshop verlangt, was umgerechnet knapp 30 Euro entspricht. Teilweise war das Band auch bereits in den einschlägigen China-Shops, die nach Deutschland liefern, bestellbar (siehe Kapitel "Mi Band günstig und sicher kaufen"), wobei der geforderte Preis eher über dem lag, was Xiaomi in seinem eigenen Onlinshop verlangt:
http://de.aliexpress.com/item/World-Premiere-Xiaomi-Mi-Band-Wrist-Band-Wearable-Wrist-Strap-Accessories-Dermis-xiaomi-mi-band-wrist/32291321971.html

Zugegeben, eines der Hauptgründe für das Mi Band, nämlich der extrem günstige Preis, wird durch die sehr ambitionierte Preisgestaltung beinahe ad absurdum geführt. Ob Ihnen die optische Veredelung (Stichwort Businesstauglichkeit) mehr als das doppelte des Kaufpreises des Mi Bands wert ist, müssen Sie natürlich selbst entscheiden.
Eventuell lohnt es sich auch, hier einfach etwas abzuwarten. Es ist davon auszugehen, dass Xiaomi das Mi Band in naher Zukunft neben der Silikon- auch in der Ledervariante (also Band inklusive Kern) anbieten wird – und dies dann wohl zu einem deutlich akzeptableren Preis.

Silikon-Armbänder
Neben dem Lederarmband bietet Xiaomi auch Silikon-Armbänder in sechs verschiedenen Farben an. Wenn Sie ein Silikon-Armband nachkaufen möchten, empfehlen wir ausschließlich auf Originalware zurückzugreifen (zu den Gründen siehe weiter unten). Gehandelt werden Ersatzbänder ab ca. drei Euro:
`http://www.banggood.com/Original-Colorful-Xiaomi-Mi`
`Band-Bracelet-Wrist-Strap-p-951981.html`

USB-Ladeadapter
Sollte Ihnen der USB-Ladeadapter verloren gehen, können Sie für circa zwei Euro Ersatz ordern:
`http://www.tinydeal.com/xiaomi-miband-black-`
`rubber-charge-cable-for-xiaomi-bracelet-p-141836.`
`html?sk=26838381hL`

Halskette
Seit einiger Zeit verkauft Xiaomi einen Adapter, mit dem sich der Kern auch als Halskette nutzen lässt. Grundsätzlich ist der Funktionsumfang hierbei nicht eingeschränkt, da die App bzw. der dahinter stehende Algorithmus auf diese Trageart abgestimmt wurde. Sie müssen lediglich in

den Einstellungen der App als Position anstelle "Handgelenk links bzw. rechts" die Option "Neck bzw. Hals" auswählen.

Wirklich warm geworden sind wir mit dieser Variante jedoch nicht: Die Vibration ist nicht immer wahrnehmbar, die LED-Anzeige ist nicht nutzbar und das hin und her baumeln der Kette nervt je nach Bewegungsablauf. Zugegeben, mit diesen Einschränkungen könnte man sich dennoch anfreunden.

Schwerlich akzeptabel ist allerdings die Tatsache, dass das Tracking gegenüber dem Armband weitaus ungenauer funktioniert. Bei den Schrittaufzeichnungen fehlten sage und schreibe bis zu einem Drittel der gelaufenen Schritte, und auch das Schlaftracking war weitaus ungenauer. Was natürlich in der Natur der Sache begründet ist, da viele Bewegungen nicht mit dem kompletten Oberkörper ausgeführt werden bzw. die Schwung- und Pendelbewegungen des Arms eindeutiger sind. Insofern können wir die Halskette nicht empfehlen.

Sollten Sie es dennoch selbst ausprobieren wollen oder für die Erfassung ganz bestimmter Bewegungen (z. B. Stepper) benötigen, können Sie den Adapter für ca. fünf Euro bestellen. Er ist in sechs verschiedenen Farben erhältlich, eine Kette wird allerdings nicht mitgeliefert:
http://www.tinydeal.com/de/replacement-silica-necklace-pendant-holder-smart-xiaomi-px2g3it-p-146864.html

Mi Smart Scale
Die Mi Smart Scale ist eine smarte Personenwaage, welche die gemessenen Werte per Bluetooth an die Mi Fit-App überträgt. Natürlich handelt es sich bei der Waage um kein direktes Zubehör für das Mi Band. Wir wollen sie an dieser Stelle trotzdem der Vollständigkeit halber erwähnen, da Messdaten der Waage ebenfalls über die Mi Fit-App erfasst werden und sie dementsprechend fester Bestandteil der selbigen ist.

Im Heimatland China ist die Waage für umgerechnet ca. 15 Euro erhältlich. Leider ist aufgrund der Abmessungen des Produkts ein kostengünstiger Import nicht wie beim Mi Band möglich, da die Versender für solche größeren Pakete keine Versandsubventionen erhalten. Der Knackpunkt sind sind hier also die Portokosten, je nach Warenwert sollten auch eventuell anfallende Zoll und Einfuhrumsatzsteuer im Hinterkopf behalten werden.

Eventuell kann sich hier eher der Einkauf über einen Anbieter wie Geekvida lohnen, der aus Europa versendet und Endpreise angibt:
http://www.geekvida.de/original-xiaomi-mi-smart-gewicht-waagescale-xiaomi-scale-fur-android-ios-p100830.html?utm_source=tradetracker&utm_medium=99001

2.) Inoffizielles Zubehör

Armbänder
Grundsätzlich können wir nach unseren Erfahrungen keine Armbänder von Fremdherstellern empfehlen. Irgendein Problem gab es leider immer: Teilweise hatten wir Probleme mit der Passgenauigkeit oder der fehlenden Elastizität des verwendeten Materials. Bei anderen machte der Verschluss Probleme oder sie stanken bestialisch.

Auch im Hinblick möglicher Gesundheitsgefahren erscheint es sinnvoll, ausschließlich auf Originalware zurückzugreifen, da permanenter Hautkontakt besteht (vergleiche Kapitel "Ist es Giftfrei?"). Dennoch sind die Varianten der Fremdhersteller zumindest einen Blick wert, da sie teilweise alles andere als Langweilig sind. Vom Leoparden- bis zum Flagenlook wird alles geboten. Hier zwei besonders hübsche bzw. hässliche Exemplare – je nach Sichtweise:
http://www.tinydeal.com/de/replacement-tpu-leopard-pattern-xiaomi-Mi Band-wrist-band-p-147444.html

http://www.tinydeal.com/de/replacement-tpu-rose-pattern-miband-bracelet-wrist-strap-band-p-147337.html

Sticker

Bei Ebay tauchen immer wieder Aufkleber auf, die den Kern verschönern sollen. Die von uns georderten Exemplare waren passgenau, von guter Qualität und es gab Aussparungen für die LED-Anzeige. Da uns Flaggen- oder Hanfmuster nicht zusagten, haben wir uns für eine einfarbige Variante (schwarz matt) entschieden. Wer sich für solche Sticker interessiert, sucht bei Ebay nach den Begriffen "mi band stickers". Wichtig ist es, bei den Suchoptionen als Artikelstandort "Weltweit" auszuwählen.

Mi Fit-App und Bedienung

Download-Quellen & Unterschiede
Welche kompatiblen Apps gibt es für das Mi Band? Wo kann ich sie herunterladen?

Da das Mi Band selbst kein Display besitzt, erfolgt die Konfiguration bzw. das Auslesen der Daten mithilfe des Displays Ihres Smartphones. Zu diesem Zweck müssen Sie eine kompatible App installieren. Achtung: Es existieren unterschiedliche Versionen der App, die sich hinsichtlich der unterstützten Sprache und des Funktionsumfangs unterscheiden. Der Funktionsumfang wiederum ist ferner abhängig vom verwendeten Betriebssystem.

1.) Offizielle Versionen im App Store (Android und iOS)
Für *Android und iOS* finden Sie im jeweiligen App Store die offizielle Version der Mi Fit-App (teilweise eingedeutscht). Suchen Sie hierzu im App Store nach dem Stichwort "Mi Fit". Zu der für das jeweilige Betriebssystem passenden App werden Sie auch weitergeleitet, wenn Sie den in der Kurzanleitung enthaltenen QR-Code abscannen.
https://itunes.apple.com/de/app/id938688461

https://play.google.com/store/apps/details?id=com.xiaomi.hm.health&hl=de

2. Inoffizielle Versionen

Für *Android* gibt es ferner eine deutschsprachige Community-Übersetzung:
Direktdownload:
http://chillzz.net/?page_id=37
Support-Thread:
http://decuro.de/forum/index.php/Thread/296-App-Mi Band-1-1-611-257/

> *Achtung:* Erweiterte Benachrichtigungseinstellungen für z.B. Whatsapp funktionieren nur in der Tweaked-Version bis Version 1.4.341. Wer dieses erweiterte Benachrichtigungsmodul nutzen möchte, muss diese Versionsnummer (oder darunter) nutzen. Eine Möglichkeit zum Download finden Sie im zuvor genannten Support-Thread. Erklärungen zum technischen Hintergrund finden Sie im Kapitel "Erweiterte Benachrichtigungseinstellungen fehlen".
>
> *Hinweis:* Möchten Sie Android-Apps (APK-Dateien) abseits des Google Play Stores installieren, müssen Sie zunächst die Option "Unbekannte Herkunft: Installation von Apps aus anderen Quellen als dem Play Store zulassen" aktivieren. Die Option finden Sie unter "Einstellungen" / "Sicherheit". Ferner müssen Sie spätere Updates selbständig durchführen, da das normale Update-Prozedere nur bei Apps greift, die über den Google Play Store installiert wurden.

Schließlich gibt es für *Android* eine Open Source Alternative. Die Besonderheit besteht vor allem darin, dass kein Abgleich mit den Servern von Xiaomi vorgenommen wird. Der Nachteil dieser quelloffenen Variante besteht allerdings in seinem sehr rudimentären Funktionsumfang. Erweiterte Benachrichtigungsfunktionen sind beispielsweise nicht möglich. Die App befindet sich noch im Anfangsstadium der Entwicklung und wir hoffen, dass die Open Source Gemeinde die Weiterentwicklung dieses Projekts mittelfristig vorantreiben wird.

PlayStore Link:
https://play.google.com/store/apps/details?id=com.ugopiemontese.openband

Homepage des Entwicklers:
http://www.ugopiemontese.eu/portfolio-item/openband-android-app/

Projektseite bei GitHub:
https://github.com/UgoRaffaele/Mi Band-notifier

Hinweis der Vollständigkeit halber: Auch im offiziellen MI Store ist ein Download möglich (nur in chinesischer Sprache erhältlich, per Klick auf den orangefarbenen Button):
http://app.mi.com/detail/68548

Für **Windows Phone** gibt es die App "Mi Band Tracker BETA" des Entwicklers Dahrkael in englischer Sprache:
http://www.windowsphone.com/de-de/store/app/Mi Band-tracker-beta/63ae425c-4a96-4a99-ba79-f6686d41b2d3

Alternativ gibt es ferner für **Windows Phone** die App "Bind Mi Band" Ian Savchenko (ebenfalls nur in englischer Sprache):
https://www.windowsphone.com/en-us/store/app/bind-mi-band/8d5bd514-cde3-4506-b95f-e4b6ab410d57

Schließlich gibt es für *Windows Phone* eine dritte Alternative namens "Mi Band Companion":
https://www.windowsphone.com/en-us/store/app/mi-band-companion/8ccffd16-0d1f-4ffa-b693-f2b78ef0bc3c

Account erstellen / Registrierung
Wie genau erstelle ich ein Konto bei Xiaomi?

Um die Mi Fit App nutzen zu können wird zwingend ein Mi Account benötigt.

Sofern Sie noch keinen Account besitzen, müssen Sie sich hierfür einmalig bei Xiaomi registrieren.

Folgende Schritte sind hierzu notwendig:

Schritt 1
Create Mi Account aufrufen: Diese Seite erreichen Sie entweder über den gleichlautenden Menüeintrag in der App oder alternativ auch manuell mithilfe Ihres Webbrowsers über folgende URL:
https://account.xiaomi.com/pass/register

Schritt 2
Registrierung-Code per SMS oder E-Mail anfordern: Zwecks Verifizierung schickt Ihnen Xiaomi einen Code zu. Wahlweise erfolgt dies per SMS oder E-Mail. Nach unserer Erfahrung erfolgt die Bestätigung per SMS-Code nach Deutschland sehr unzuverlässig. Wählen Sie deshalb besser die Option "Register using an email address" über das entsprechende Feld am Ende der Seite.
Sollten Sie sich doch für die Validierung per SMS entscheiden, achten Sie bitte darauf, den Ländercode auf "Germany(+49)" umzustellen! Achtung, die Telefonnummer muss nachfolgend International angeben werden nach dem Muster "+4917XXXXXXX". Also „+49" und dann die Handynummer ohne die vorstehende Null angeben. Insbesondere das Pluszeichen nicht vergessen.

Schritt 3
Passwort vergeben: Nun müssen Sie ein beliebiges Passwort vergeben (zweimal eintragen) und das Bild-Captcha lösen.

Schritt 4
Aktivierungslink bestätigen: Parallel schickt Ihnen Xiaomi eine E-Mail, mit welcher die Gültigkeit Ihrer angegebenen E-Mailadresse überprüft werden soll. Öffnen Sie diese E-Mail und klicken Sie auf "Activate account", um den Mi-Account zu bestätigen und zu aktivieren. Hinweis: Bei unseren Tests dauerte es teilweise mehrere Minuten, bis diese E-Mail tatsächlich eintrudelte. Bei einigen Anbietern landete Sie auch im Spam-Ordner (Absender aus China), gegebenenfalls also einmal dort nachsehen!

Damit ist die Account-Einrichtung abgeschlossen. Sie können sich nun in der App unter "Sign in" mit Ihrer E-Mail-Adresse und dem Passwort anmelden.

Erstmaliges Anmelden / Pairing

Wählen Sie in der App den Punkt "Sign in" aus. Dort melden Sie sich an, indem Sie Ihre E-Mailadresse (alternativ Ihre Telefonnummer inklusive dem Ländercode "+49" für Deutschland) und ihr Passwort eingeben und den Button "Sign in" betätigen. Nach dem Einloggen müssen Sie zunächst das gewünschte Gerät auswählen. Hier wählen Sie natürlich das Mi Band und nicht die MiWaage aus.

Danach wird das Mi Band via Bluetooth gesucht. Stellen Sie insofern sicher, dass die Bluetooth-Kommunikation aktiv ist. Jetzt blinken die drei LEDs in blauer Farbe und Sie werden von der App aufgefordert, einige Male auf die Oberfläche des Kerns zu tippen (wirklich tippen oder klopfen, d. h. nicht nur sanft streichen, wie vom Smartphone gewöhnt!).

Nachdem das Mi Band erfolgreich gepaired wurde, wird zunächst ein automatisches Firmware-Update durchgeführt (sofern vorhanden). Damit ist der Erstsynchronisierung bereits erledigt – Kern, Konto und App sind nun miteinander verknüpft. Viel Spaß mit der App!

Funktionen im Detail
Ein kurzer Rundgang durch die Mi Fit-App

Nachfolgend werden die Kernfunktionen vorgestellt. Dieses Kapitel soll Einsteigern eine schnelle Orientierung ermöglichen bzw. verhindern, dass wichtige Funktionen übersehen werden.

Hinweis: Die konkrete Benennung der einzelnen Menüpunkte kann – je nach Abhängigkeit von Version, Betriebssystem und Übersetzung – möglicherweise variieren. Absolut selbsterklärende Menüpunkte wurden aus Gründen der Übersichtlichkeit weggelassen.

Schrittzähler

Direkt nach der Synchronisation wird Ihnen die Anzahl der Schritte angezeigt, die Sie am laufenden Tag (d. h. seit Mitternacht) zurückgelegt haben. Ferner finden Sie eine Angabe zur zurückgelegten Distanz und den verbrauchten Kalorien. Nun gibt es folgende Möglichkeiten:

1. Klicken Sie in den mittleren Kreis, um sich Detailinformationen zu den erfassten Schritten **des laufenden Tages** anzeigen zu lassen.

2. Klicken Sie links oben auf das kleine Säulendiagramm-Icon, um sich eine Statistik der zurückgelegten Distanzen **der letzten Tage** anzuschauen. Hier können Sie sich durch Wischen im Bereich der Balkendiagramme Details von den zurückliegenden Tagen anzeigen lassen.

3. Klicken Sie rechts oben auf das kleine Icon, um zu den Einstellungen zu gelangen.

4. Wischen Sie nach links, um zur Schlafanalyse zu gelangen.

Schlafanalyse
Wir wechseln nun zur Schlafanalyse, in dem wir nach links wischen. Hier finden Sie Angaben zur Dauer Ihres Schlafes der letzten Nacht bzw. der Dauer der Tiefschlafphase. Nun gibt es folgende Möglichkeiten:

1. Klicken Sie in den mittleren Kreis, um sich Detailinformationen zum erfassten Schlafverhalten **der letzten Nacht** anzeigen zu lassen.
2. Klicken Sie links oben auf das kleine Icon, um sich eine Historie Ihres Schlafverhaltens **der letzten Tage** anzuschauen. Hier können Sie sich durch Wischen im Bereich der Balkendiagramme die jeweiligen Details anzeigen lassen.
3. Klicken Sie rechts oben auf das kleine Icon, um zu den Einstellungen zu gelangen.
4. Wischen Sie nach rechts, um zum Schrittzähler zu gelangen.

Einstellungen

Menüpunkt "Einstellungen" / "My Devices":
- Mi Band suchen: Hier können Sie das Mi Band innerhalb der Reichweite der Bluetooth-Verbindung (maximal 10 Meter bei Sichtverbindung) suchen lassen.
- LED-Farbe: Die generelle LED-Farbe definieren.
- Handgelenk: Trageposition definieren (linker oder rechter Arm bzw. Halskette).

- Eingehender Anruf: Ob bzw. ab wie vielen Sekunden die Vibration bei einem Anruf beginnen soll.
- Benachrichtigungseinstellungen: Benachrichtigung pro App definieren (nur in der getweakten Version möglich, siehe Kapitel „Erweiterte Benachrichtigungseinstellungen fehlen").
- Trennen / Unpair: Wichtige Funktion bei Problem mit dem Mi Band oder wenn parallele Konten existieren.

Menüpunkt "Profil":
Hier können Sie ein Tagesziel für die zurückgelegten Schritte und ein Gewichtsziel festlegen (Letzteres ist relevant für die Waage "Mi Smart Scale"). Ferner können Sie die Längen- und Gewichtseinheit definieren.

Menüpunkt "Alarm":
Hier können Sie bis zu drei Weckereinstellungen programmieren. Tippen Sie zunächst auf die Uhrzeit, um in die erweiterten Einstellungen zu gelangen. Neben der Weckzeit können Sie hier auch definieren, ob sich der Alarm in bestimmten Intervallen (z. B. werktags) wiederholen soll. Eines der Highlights des Mi Bands ist die dort ferner enthaltene Option Early Bird Alarm / Intelligenter Wecker. Hierbei handelt es sich um eine flexible Weckfunktion, die versucht, Sie ausschließlich während einer Leichtschlafphase zu wecken. Nähere Informationen zur Funktionsweise finden Sie im Kapitel „Early Bird Alarm".

Nützliche Tipps

Mehrere Bluetooth-Verbindungen
Kann ich das Mi Band parallel mit anderen Bluetooth-Geräten betreiben, wie z. B. einem Kopfhörer?

Ja, das ist möglich. Allerdings ist dies nicht vom Mi Band abhängig. Laut Bluetooth-Spezifikation kann ein Bluetooth-Gerät gleichzeitig bis zu sieben Verbindungen aufrechterhalten, wobei sich die beteiligten Geräte die verfügbare Bandbreite teilen müssen. Die praktisch sinnvolle Grenze liegt allerdings meistens bei drei bis vier Geräten (abhängig von der Datenlast der beteiligten Geräte).

Parallele Konten
Ich habe zwei Mi Bänder im Haushalt, wie kann die App die jeweiligen Daten trennen?

Nicht direkt, da die Mi Fit-App jeweils nur ein Konto mit einem Mi Band automatisiert koppeln kann. Dementsprechend ist ein neues, manuelles Verbinden des jeweils anderen Gerätes sowie ein zweiter Mi Account notwendig.

Einfacher von der Handhabung ist es in diesem Fall, beispielsweise ein Smartphone und ein Tablet jeweils exklusiv für ein Band und Konto zu nutzen. Dies setzt natürlich voraus, das ein zusätzliches Tablet oder Smartphone vorhanden ist.

Uhr-Geste

Was genau ist die Uhr-Geste bzw. wofür ist sie wichtig?

Die Uhr-Geste bedeutet, dass Sie Ihren Arm in der Art zu sich hinbewegen, als würden Sie eine gewöhnliche Armbanduhr ablesen wollen. Allerdings muss die Bewegung etwas temperamentvoller bzw. übertriebener ausgeführt werden.

Bewährt hat sich folgende Vorgehensweise: Lassen Sie Ihren Arm für ein bis zwei Sekunden locker herabhängen, führen Sie ihn dann mit einer schwungvollen Drehbewegung auf Höhe zwischen Brust und Augen. Nun der wichtigste Punkt: Kurz warten! Nach ein bis zwei Sekunden Haltezeit auf Brusthöhe sollten Ihnen die LEDs anzeigen, inwieweit Sie Ihr Tagesziel erreicht haben.

Tipp: Im Sitzen ist es etwas schwieriger diese Bewegung auszuführen, probieren Sie die Bewegungsfolge deshalb zunächst im Stehen aus.

Zur Verdeutlichung können Sie sich auch folgendes Video ansehen:
https://youtu.be/dm-UeH355W0

Eine Erklärung, was die LED-Anzeige aussagt, finden Sie im Kapitel "Bedeutung LED-Anzeige".

Wichtig: Die LED-Anzeige funktioniert zuverlässiger, wenn Sie in der App korrekt angegeben haben, ob Sie das Band an der rechten oder linken Hand tragen (Menü rechts oben > my device > band location)!

Abschließend: Verzweifeln Sie bitte nicht, wenn Sie die Geste nicht auf Anhieb reproduzieren können. Am Anfang ist oft ein bisschen Übung notwendig.

Firmware-Update
Wie kann ich die Firmware aktualisieren?

Von Zeit zu Zeit stellt Xiaomi Firmware-Updates zur Verfügung. Sollte dies der Fall sein, erfolgt das Einspielen dann automatisch über die Mi Fit-App, d. h., Sie haben keinerlei manuelle Eingriffsmöglichkeiten.

Wie generell bei allen Firmware-Updates, sollten Sie darauf achten, dass der Akku zu diesem Zeitpunkt zu mehr als 5 Prozent geladen ist. Sollte der Akku während des Überschreibens der Firmware erschöpft sein, könnte dies zu einer irreversiblen Schädigung des Mi Bands führen.

> **Gravur**
>
> Kann ich den Kern mit einer Gravur individualisieren, ohne dass er Schaden nimmt?

Zumindest nach einer Testgravur (Ornament, LED-Bereich wurde ausgespart) konnten wir keinerlei negative Auswirkungen bezogen auf die Funktionalität feststellen.

Tinydeal hatte sogar vor, eine solche Variante ins Sortiment aufzunehmen:
http://www.tinydeal.com/de/custom-your-own-personalized-xiaomi-Mi Band-smart-bracelet-p-146944.html

> **Nickname ändern**
>
> In der App wird statt meines Wunschnamens nur eine Zahlenfolge angezeigt. Wie kann ich den Nickname ändern?

Nur über den Web-Account der Xiaomi-Homepage: https://account.xiaomi.com/

Logen Sie sich dort ein und klicken Sie auf "Personal info", dann auf "Change" und tragen Sie unter "Name" einen beliebigen Namen ein.

> **Datensicherung**
> Was passiert wenn ich die Mi Fit-App lösche, verliere ich dann alle meine Daten?

Nein, die Daten gehen nicht verloren, alle bereits synchronisierten Daten befinden sich auf den Servern von Xiaomi. Synchronisieren Sie deshalb noch einmal manuell, bevor Sie die App deinstallieren.

> **Strahlungsintensität**
>
> Ich habe bedenken bezüglich der Strahlungsintensität des Mi Bands. Ich trage es 24 Stunden direkt am Körper und nutze auch die automatische Geräteentsperrung (Smart Unlock). Wie hoch ist die zusätzliche Strahlungsintensität?

Uns sind keine konkreten Werte zur Strahlungsintensität des Mi Bands bekannt. Allgemein lässt sich jedoch Folgendes sagen: Bluetooth Low Energy Devices arbeiten mit einer Standard-Sendeleistung von 1 mW und können damit eine Entfernung von maximal 10 Meter bei Sichtverbindung überbrücken. Diese Sendeleistung erscheint, bezogen auf die sonstige Ansammlung des Strahlungs- und Elektrosmogs um uns herum, sehr gering. Zum Vergleich: Allein DECT hat, je nach Entfernung, eine Spitzenleistung von 250 mW.

Zu bedenken ist ferner, dass das Mi Band zwar permanent Empfangsbereit ist, jedoch selbst nur in bestimmten Situationen sendet, was u. a. die hohe Akkulaufzeit begründet. Ob und inwieweit sich aus der zusätzlichen Strahlungsintensität ein Gefahrenpotenzial ableiten lässt, muss jeder Nutzer für sich selbst entscheiden.

Zum Weiterlesen:
Bluetooth Low Energy in der Medizintechnik:
http://www.elektroniknet.de/kommunikation/sonstiges/artikel/84761/

Artikel zum Thema Strahlungsquellen:
http://www.connect.de/ratgeber/strahlung-echte-angst-vor-falschen-tatsachen-375511.html

> **Uhrzeit stimmt nicht**
>
> Die Zeitangaben weichen um mehrere Stunden von der tatsächlichen Uhrzeit ab bzw. die Schritte werden nicht um Mitternacht, sondern zu einer anderen Uhrzeit auf Null gesetzt. Was kann ich tun?

Verstellen Sie in diesem Fall die Zeitzone in den Einstellungen Ihres Betriebssystems (z.B. unter iOS: „Einstellungen" > „Allgemein" > „Datum & Uhrzeit" > „Zeitzone"). Stellen Sie dort einmal bewusst eine falsche Zeitzone ein und speichern Sie diese Einstellung. Danach ändern Sie die Zeitzone wieder auf den korrekten Wert (z. B. Berlin).

Powerbank

Kann ich mein Mi Band mit einer Powerbank aufladen?

Ja und auch nein. Der Ladestrom einer Powerbank ist für das Aufladen von Handys und Tablets konzipiert. Der benötigte Ladestrom für das Mi Band ist so gering (25mA), dass teilweise die Powerbank in den Ruhemodus wechselt, da sie unterstellt, dass das Endgerät bereits voll aufgeladen ist. Laden Sie deshalb, wann immer es möglich ist, Ihr Mi Band am USB-Port des Computers oder am Ladegerät des Handys auf.

Ausleseintervalle

Muss ich das Gerät täglich auslesen?

Nein, die Daten werden so lange aufgezeichnet, bis die interne Speicherkapazität erschöpft ist. Der interne Speicher kann ungefähr die Daten für zehn Tage aufnehmen. Bei der nächsten Synchronisation werden die Daten zunächst an die App-Datenbank kopiert und schließlich auf die Server von Xiaomi übertragen (siehe hierzu auch das Kapitel "Datensicherung").

> **Erweiterte Benachrichtigungseinstellungen fehlen**
>
> Ich kann in der Mi Fit App die erweiterten Benach-
> richtigungseinstellungen für z.B. Whatsapp und E-Mail
> nicht finden!

Die erweiterten Benachrichtigungseinstellungen für spezifische Apps sind nur in der getweakten Version möglich bis Version 1.4.341. Siehe hierzu das Kapitel "Download-Quellen & Unterschiede".

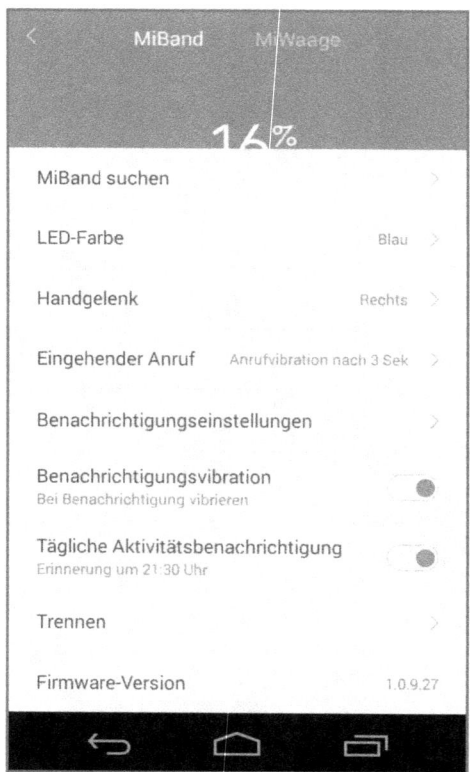

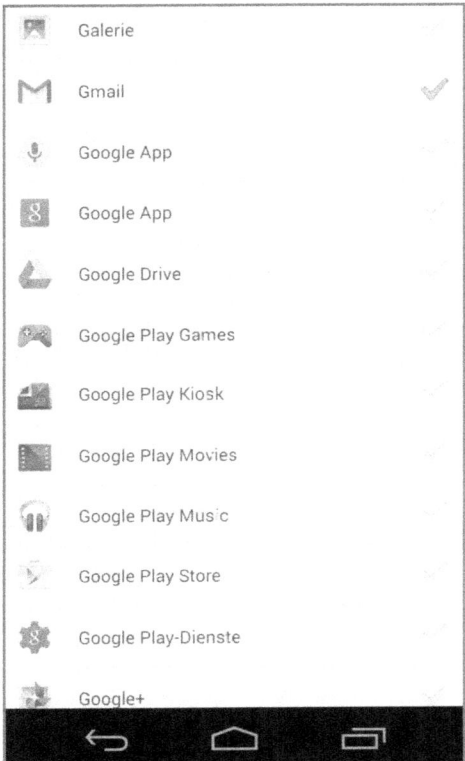

Hintergrund: Das Benachrichtigungsmodul wurde nicht von Xiaomi selbst entwickelt, sondern von einem User (dezmen3), der auf 4dpa.ru aktiv ist. Grundlegende Veränderungen an der App zur Mi Fit App ab der Version 1.4.614 führten zur Inkompatibilität, die eine neuerliche Integrierung unmöglich machten.

Ob das Benachrichtigungsmodul in einer späteren getweakten Version erneut integriert werden kann, ist zum jetzigen Zeitpunkt unklar. Die Version 1.4.341 kann allerdings problemlos eingesetzt werden, da sie zuverlässig und stabil läuft.

Link zum Thread des Entwicklers "dezmen3":
http://4pda.ru/forum/index.php?s=&showtopic=596501&view=findpost&p=34265552

Für Nutzer von Android könnte ferner die App Gliderun eine Alternative darstellen. Ähnlich wie in in der getweakten Version der Mi Fit App ermöglicht es diese, sich Benachrichtigungen von verschiedenen Apps an das Band senden zu lassen und diese in verschiedenen Farben, oder Vibrationsmustern darzustellen. Erste Dauertests bei und mit der Alpha- und Beta-Version verliefen wirklich sehr vielversprechend. Allerdings gab es auch immer wieder Probleme mit Abstürzen und grundsätzlichen Kompatibilitätsproblemen. Betroffene User müssen wohl oder übel das Erscheinen der finalen Version von Gliderun abwarten.

Link zur App Gliderun:
https://play.google.com/store/apps/details?id=com.tincore.and.gliderun&hl=de

> **Trageposition des Bands**
> Woher weiß ich, ob ich das Band bzw. den Kern richtig oder falsch herum trage?

Es gibt keine vorgeschriebene Position für das Band bzw. den Kern. Insofern ist es für die Bewegungserfassung ohne Bedeutung, ob Sie das Mi Band am jeweiligen Arm von links nach rechts oder andersrum in die Lasche einschieben. Auch hat es keine Auswirkungen, ob der Kern so oder um 180° gedreht eingelegt wird.

Die Interpretation der Bewegungen funktioniert unabhängig von der Trageposition des Bands / Kerns, was Sie auch bei der Uhr-Geste nachvollziehen können: Egal wie Sie die Trageposition verändern, es blinkt trotzdem immer die untere LED.

Darüber hinaus ist es sogar möglich, das Mi Band als Halskette zu tragen. Hierzu ist allerdings eine spezielle Halterung notwendig und es muss die entsprechende Option in der App ausgewählt sein.

Hinweise hierzu finden Sie im Kapitel „Zubehör".

Bluetooth 4.0 fehlt

Mein Gerät unterstützt nur Bluetooth Version 3. Kann ich das Mi Band trotzdem nutzen?

Eventuell ja. Manche Geräte unterstützen offiziell kein Bluetooth 4.0, obwohl es die Hardwareseite hergibt. Ein Beispiel hierfür ist das Nexus 7 (2012). Eine Aktivierung von Bluetooth 4.0 ist mit der App „Bluetooth Low Energy Enabler" möglich:
https://play.google.com/store/apps/details?id=com.manuelnaranjo.btle.installer2&hl=de

Allerdings muss das Nexus zunächst gerootet werden (z. B. mit dem „Nexus Root Toolkit"), erst danach kann die App aktiviert werden.

> **Mi Band resetten**
>
> Gibt es die Möglichkeit eines „Resets"? Ich hatte mein Mi Band ausgeliehen, würde jetzt jedoch gerne die Datensammlung wieder bei null beginnen!

Alle bereits synchronisierten Daten befinden sich auf den Servern von Xiaomi. Eine Löschfunktion wird dort bisher nicht angeboten.

Workaround: Legen Sie sich einen neuen Account bei Xiaomi an.

> **Bluetooth Verbindungsfehler**
> Die Verbindung zum Mi Band (Bluetooth Pairing) schlägt fehl. In der App erscheint der Hinweis, dass entweder kein Mi Band gefunden wurde oder zu viele Mi Bänder in der Nähe sind.

Testen Sie folgende Möglichkeiten:

- Deaktivieren Sie sämtliche andere Bluetooth-Geräte in Ihrer Nähe.
- Das Mi Band komplett vollständig aufladen, danach das Pairing durchführen.
- Führen Sie das Pairing durch, während Sie parallel die Uhr-Geste machen.
- Führen Sie das Pairing mit einem Smartphone bzw. Tablet durch, mit dem das Mi Band noch nie zuvor eine Verbindung aufgebaut hat.
- Führen Sie das Pairing durch, während Sie das Mi Band aufladen. Funktioniert dies nicht, laden Sie das Mi Band komplett auf und versuchen Sie erneut den Verbindungsaufbau.
- Falls keine der bisherigen Möglichkeiten fruchtet, warten Sie, bis der Akku komplett entladen ist. Anschließend das Mi Band komplett aufladen, danach das Pairing erneut probieren.

Teil C: Nützliche Tipps

> **Firmware-Update fehlgeschlagen**
> Das Firmware-Update schlägt auch nach mehreren Anläufen fehl. Lösungsmöglichkeiten?

Führen Sie das Pairing durch, während Sie das Mi Band aufladen. Funktioniert auch dies nicht, laden Sie das Mi Band einmal vollständig auf und versuchen Sie erneut den Verbindungsaufbau.

Ein- und Ausschalter

Gibt es einen Schalter oder eine Geste zum Ein- und Ausschalten des Mi Bands?

Nein, ein Ein- und Ausschalten des Mi Bands ist weder vorgesehen noch notwendig. Wünschen Sie beispielsweise nicht mehr, dass Sie das Mi Band per Vibration über eingehende Nachrichten informiert, setzen Sie dies über Ihr Smartphone um: Deaktivieren Sie die entsprechenden Optionen in der Mi Fit-App, Deaktivieren Sie Bluetooth am Smartphone oder aktivieren Sie den Flugmodus Ihres Smartphones.

Teil C: Nützliche Tipps

> **Anmeldeproblem in der App**
> Obwohl Sie eingeloggt sind, fordert Sie die Mi Fit-App auf, ein Konto einzurichten.

Gehen Sie wie folgt vor:

- Löschen Sie manuell den Speicher von der Mi Fit-App in den Einstellungen von Android,
- danach deinstallieren Sie die Mi Fit-App,
- booten Ihr Handy neu und
- installieren die Mi Fit-App erneut.

Achtung: Dieses Phänomen kann auch auftreten, wenn die Server von Xiaomi down sind. Dieses Problem kann sich insofern auch nach einigen Stunden von selbst erledigen. Nach unseren Erfahrungen war jedoch meistens ein Crash der Datenbank die Ursache, welcher sich nur durch das oben genannte Prozedere fixen ließ. Ob die Anmeldeserver ein Problem haben, lässt sich nur mit einem zweiten Gerät gegenchecken (gegebenenfalls jemanden Fragen, der auch ein Mi Band besitzt), da der Webzugriff trotzdem funktionieren kann.

Fehlender Benachrichtigungszugriff
Benachrichtigungszugriff fehlt unter Android

Prüfen Sie bitte zunächst, ob die Erlaubnis für den Zugriff auf den Benachrichtigungszugriff "BleNotificationService" unter Einstellungen > Ton & Benachrichtigungen > Benachrichtigungszugriff > BleNotificationService bzw.
Einstellungen > Sicherheit > Benachrichtigungszugriff
gesetzt wurde.

Hinweis: Einige Smartphones, wie beispielsweise das LG G2, verfügen softwareseitig nicht über den notwendigen Benachrichtigungszugriff (Notification access), um Benachrichtigungen verschiedener Apps zu erhalten. In diesem Fall müssen Sie die Benachrichtigungsrechte über einen Umweg setzen. Laden Sie sich hierfür die App „NotifierPro Free" herunter:
https://play.google.com/store/apps/details?id=com.nlucas.notificationtoasterlite&hl=de

Aktivieren Sie nun in den Einstellungen NotifierPro Free den „BleNotificationService". Die App wird nun die auf die versteckten Benachrichtigungsrechte zugreifen.

> **Offizielle API**
>
> Gibt es eine offizielle API bzw. ein Developer Kit?

Nein, jedenfalls nicht offizieller Natur. Allerdings gab es einen Ansatz durch Reverse Engineering die entsprechenden Kommandos abzuleiten und zur Kommunikation über Bluetooth nutzbar zu machen. Hier finden Sie weitere Hinweise bzw. darin verlinkt die zugehörigen Projekte auf GitHub:

http://allmydroids.blogspot.de/2014/12/xiaomi-mi-band-ble-protocol-reverse.html

http://forum.xda-developers.com/android/software/xiaomi-mi-bluetooth-le-band-protocol-t2963581

> **Kern befestigen**
> Der Kern ist mir bereits ungewollt aus dem Armband gefallen. Was kann ich tun?

Zur Absicherung empfehlen wir, den Kern zusätzlich mit einem kleinen Streifen doppelseitigen Klebeband zu fixieren.

Bei den originalen Armbändern von Xiaomi konnten wir Aufweichen / Ausleiern übrigens auch nach intensiver Nutzung nicht beobachten. Armbänder von anderen Anbietern waren hingegen schon zum Zeitpunkt der Auslieferung nicht immer passgenau. Wir empfehlen deshalb, ausschließlich die originalen Armbänder von Xiaomi zu nutzen (vergleiche auch die diesbezüglichen Hinweise im Kapitel „Zubehör").

> **Fahrradfahren tracken**
>
> ```
> Gibt es eine Möglichkeit, dass das Mi Band auch beim
> Fahrradfahren die „Schritte" korrekt erkennt?
> ```

Ja und auch nein. Die Grundregel lautet: Ist die Bewegung ähnlich wie beim gehen, so wird sie auch mitgezählt.

Da man beim Radfahren die Hände überwiegend starr am Lenkrad fixiert, können keine Tretbewegungen erfasst werden. Ergo muss das Mi Band an den sich bewegenden Beinen bzw. Füßen befestigt werden.

Die einfachste Möglichkeit besteht darin, sich den Kern einfach in den Socken zu stecken. Etwas eleganter ist es, auf Bänder von Fremdherstellern zurückzugreifen, die einen entsprechend größeren Umfang besitzen. Beispiel:
```
http://www.ibuygou.com/p-xiaomi-mi-band-replacement-
wrist-strap-lengthening-edition-27cm-6664.html
```

Das Tracken der Drehbewegung beim Fahrradfahren funktioniert recht gut, allerdings ist die Fehlerquote höher als bei einer Gehbewegung. Dennoch sind die Ergebnisse durchaus brauchbar, insbesondere wenn sie als Vergleichsmaßstab der eigenen Leistung herangezogen werden sollen.

Diebstahlalarm

Ich habe Angst, mein Armband bzw. meinen Kern zu verlieren. Gibt es eine Möglichkeit, dass ich am Handy alarmiert werde, wenn sich der Kern nicht mehr in meiner unmittelbaren Nähe befindet?

Ja, unter Android lässt sich diese Funktionalität mit der App „Mi Band Anti Lost" nachrüsten. Die App schlägt an Ihrem Handy optisch und akustisch Alarm, sobald sich der Kern nicht mehr in Bluetooth-Reichweite befindet (Bluetooth Low Energy Devices arbeiten mit einer Standard-Sendeleistung von 1 mW und können damit eine Entfernung von maximal 10 Meter bei Sichtverbindung überbrücken). Insofern macht ein Einsatz der App nur Sinn, wenn Sie Bluetooth permant aktivieren.

http://forum.xda-developers.com/showpost.php?p=60238945

Teil C: Nützliche Tipps

> **Inaktivitätsalarm bei zu langem Sitzen**
>
> In der Mi Fit-App ist es möglich, sich Tagesziele für die Anzahl der Schritte zu setzen. Das Mi Band informiert dann via LED-Anzeige und Vibration über den Fortschritt und sorgt so für zusätzliche Motivation. Kann ich mich umgekehrt auch daran erinnern lassen, wenn ich mich zu wenig bewege?

Die Mi Fit-App sieht eine solche proaktive Überwachung nicht vor. Für Android-Nutzer existiert jedoch eine inoffizielle App namens "Mi Band Activity Reminder". In der App lassen sich Schwellenwerte definieren, die periodisch abgeglichen werden. Bei einer Unterschreitung der Zielvorgabe erfolgt eine Alarmierung, falls gewünscht auch akustisch und per Vibration. Leider ist die Installation der App relativ kompliziert. Grundsätzlich benötigen Sie Root-Rechte auf Ihrem Android-Smartphone. Dann müssen Sie überprüfen, ob auf Ihrem System eine bestimmte SQLite binary vorhanden ist, und gegebenenfalls installieren (ist auf der App-Seite verlinkt). Ferner müssen der App bzw. deren Verzeichnisse Vollzugriff gewährt werden. Die genaue Vorgehensweise hat sich seit dem Erscheinen der App mehrfach in kürzester Zeit verändert, weshalb hier auf eine exakte Darstellung verzichtet wird. Folgen Sie bitte dem Link und arbeiten Sie die unter "Installation" aufgeführten Punkte ab.

Link zur App "Mi Band Activity Reminder":
http://forum.xda-developers.com/showpost.php?p=58714678

Deutschsprachige Hinweise zum Root-Zugung, darin verlinkt auch Informationen zum Datei-Manger „Root Explorer":
http://www.droidwiki.de/Root

Zusatztipp: Eine rein periodische Erinnerung (also statisch zu bestimmten Uhrzeiten) lässt sich unter Android auch über Root-Rechte realisieren und mit dem Mi Band koppeln. Voraussetzung ist lediglich, dass Sie die

getweakte Version der Mi Fit-App installiert haben. Zusätzlich installieren Sie eine App, die sich auf periodische Alarme spezialisiert hat, wie beispielsweise "Stundensignal":
https://play.google.com/store/apps/details?id=com.caynax.hourlychime

Stellen Sie nun einen oder mehrere Alarme ein. Abschließend aktivieren Sie in der Mi Fit-App in den Benachrichtigungseinstellungen den notwendigen Zugriff.

Teil C: Nützliche Tipps

Bluetooth ID

Ich benötige die Bluetooth MAC Adresse / Identifizierung ID für eine App wie z. B. No Lock Home oder Delayed Lock. Wo finde ich diese?

Die ID wird Ihnen in der Mi Fit-App unter Einstellungen / Firmware angezeigt.

Automatische Entsperrung
Automatische Entsperrung / Smartlock

Unter Android lassen sich Geräte nicht nur durch Eingabe von Pin-Code oder Muster entsperren, sondern u. a. auch mithilfe von Bluetooth-Geräten.

Auch das Mi Band kann als entsprechender „Türöffner" genutzt werden. Voraussetzung ist lediglich, dass Ihr Mi Band per Bluetooth mit dem Smartphone verbunden ist und sich in Reichweite befindet.

Zusätzlich muss zunächst unter „Einstellungen" / „Sicherheit" / „Trust Agents" die Option „Smart Lock" aktiviert sein (es muss vorweg zwingend eine Displaysperre eingerichtet werden, damit dieser Menüpunkt aufrufbar ist). Nun können Sie für die automatische Entsperrung Ihr Mi Band festlegen. Klicken Sie hierzu auf „Vertrauenswürdiges Gerät hinzufügen", dann auf „Bluetooth". Anschließend wählen Sie aus der Liste der verfügbaren Geräte „MI" aus.

Hinweis: Diese Vorgehensweise funktioniert nur mit Android 5.0 oder höher. Bei älteren Versionen muss eine zusätzliche App wie beispielsweise "Delayed Lock" diese Funktionalität nachrüsten.

Links:
https://support.google.com/nexus/answer/6093922?hl=de
https://play.google.com/store/apps/details?id=de.j4velin.delayedlock2.trial

> **Daten exportieren**
>
> Ich möchte meine aufgezeichneten Daten zu Diensten wie FitnessSyncer, MyFitnessPal oder auch direkt in das Dateiformat CSV exportieren. Wie ist die Vorgehensweise?

Ein Auslesen oder Exportieren der erfassten Daten ist leider nicht direkt vorgesehen. Die entsprechenden Daten sind in Form von Datenbankdateien gespeichert, die unter folgendem Pfad (Android) zu finden sind: /data/data/com.xiaomi.hm.health/databases.
Die erfassten Tageswerte finden sich beispielsweise in der „origin_db" > Tabelle „data_data". Zugreifen kann man hierauf mittels Apps wie beispielsweise „SQLite Debugger" oder „aSQLiteManager".

Vereinfachen bzw. automatisieren lässt sich dieser Vorgang durch den Einsatz entsprechender Apps. Die Daten können darüber in die Dateiformate CSV und HTML bzw. auch automatisiert in einen Ordner „Public" geladen und beispielsweise mit FitnessSyncer synchronisiert werden. Bitte folgen Sie der Anleitung des Users „xmxm" in nachfolgendem verlinkten Posting.

Links:

http://forum.xda-developers.com/showpost.php?p=58499059

http://forum.xda-developers.com/showpost.php?p=58499059

> **Google Fit / Apple Health nutzen**
> Ich möchte die App Google Fit (Android) oder Apple Health (iOS) als zentrale Plattform für alle gesundheits- und fitnessrelevanten Daten nutzen. Können diese Applikationen die vom Mi Band getrackten Daten importieren?

Ja, eine Datenübernahme ist möglich. Welche Daten übernommen werden sollen, können Sie in den Einstellungen des Betriebssystems definieren, beispielsweise bei Apple Health, indem Sie „Einstellungen" > „Datenschutz" > „Health" wählen. Dort können Sie eine Datenübernahme für „Schritte", „Schlafanalyse" und „Gewicht" (sofern Sie die Waage Mi Smart Scale nutzen) festlegen.

Hinweis für Android: Eine Datenübernahme für die App Google Fit wurde erst mit der Version 1.4.923 der Mi Fit App implementiert.

App Google Fit (Android):
https://play.google.com/store/apps/details?id=com.google.android.apps.fitness

Infos zu Apple Health (iOS, im Betriebssystem fest integriert):
https://www.apple.com/de/ios/whats-new/health/

Schlafanalyse und Wecker

Schlafanalyse und Wecker
Wie genau funktioniert die Schlafaufzeichnung?

Das Mi Band kann selbstständig erkennen, zu welchem Zeitpunkt Sie tatsächlich einschlafen. Die Erkennung erfolgt über die Zuordnung verschiedener Parameter, die vom Beschleunigungssensor erfasst werden. Wenn Sie sich schlafen legen, verändert sich beispielsweise Ihr Körperschwerpunkt sowie die Art, Anzahl und Umfang Ihrer Bewegungen. Da immer mehrere dieser Bedingungen auftreten bzw. erfüllt sein müssen, funktioniert die Schlaferkennung in der Praxis auch sehr zuverlässig.

Der Mensch durchläuft während der Nacht verschiedene Schlafstadien (auch Schlafzyklus genannt). Dabei wechseln sich Tiefschlafphasen, in denen der Schlafende schwerer aufzuwecken ist, mit weniger tiefem Schlaf ab. Wenn sich gegen Ende des Schlafs, üblicherweise nach etwa sechs bis acht Stunden, diese Schlafphasen in immer kürzeren Abständen abwechseln, wird der Schlafende wach. Die App berücksichtigt diese Schlafzyklen und unterscheidet zwischen Wach-, Leicht- und Tiefschlafphasen. Erkennen können Sie diese anhand der Farben der Balkendiagramme: Der dunklere Balken steht für Tiefschlaf, der leicht graue Balken hingegen für eine leichte Schlafphase.

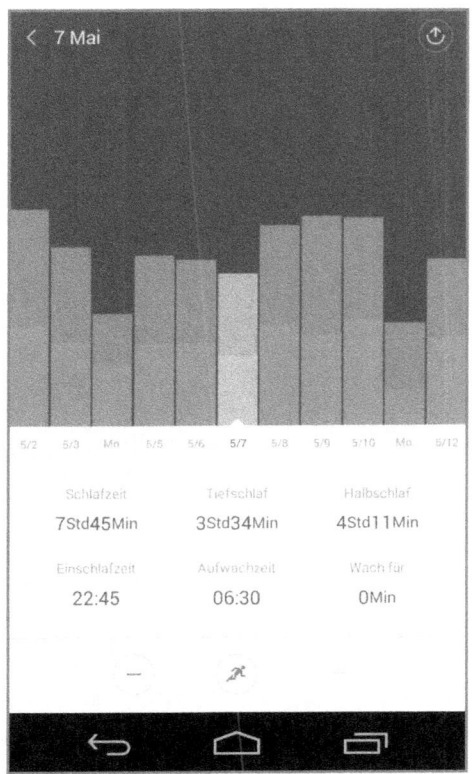

Das Mi Band ersetzt natürlich kein Schlaflabor und kann auch keine schwerwiegenden Schlafstörungen erkennen. Sie erhalten jedoch einen guten Überblick über Ihren eigenen Schlafrhythmus und wie sich Veränderungen auf die Dauer und Tiefe Ihres Schlafs auswirken (also Schlaf Quantität und vor allem Qualität). Vergleichen Sie beispielsweise Ihre gewöhnlichen Werte mit denen nach einer durchzechten Nacht, einem Zeitzonenwechsel (Jetlag) oder wenn Sie tagsüber großen Stress hatten. Auch kann man in der App sehr schön nachvollziehen, wie sich Schichtarbeit auf die Qualität des Schlafs auswirkt (deutlich mehr Leichtschlafphasen).

Tipp: Das Erreichen der Leichtschlafphase wird auch vom Wecker beim sogenannten "Early Bird Alarm" berücksichtigt. Näheres hierzu finden Sie im entsprechenden Kapitel.

Unruhige Umgebung
Funktioniert die Schlafaufzeichnung auch bei unruhigen Umgebungsbedingungen, beispielsweise im Zug, Flugzeug oder Auto?

Nein, nicht wirklich, da das Mi Band nicht in der Lage ist, extern bedingte Vibrationen bzw. Bewegungen von natürlichen zu unterscheiden. Einwandfrei funktioniert die Schlafaufzeichnung somit nur an einem wirklich ruhigen Plätzchen.

> **Schlafwandler**
>
> Wenn nachts Bewegungen aufgezeichnet werden, bin ich dann schlafgewandelt?

Nein, sicher nicht. Während der Schlafphasen bewegt sich der Körper in unterschiedlicher Intensität (z. B. "rudernde Arme"). Solche Bewegungen werden vom Band manchmal als Schritte gewertet. Ab einer gewissen Anzahl von Schritten sollten Sie sich jedoch Sorgen machen und Ihre nächtlichen Aktivitäten mit einer Webcam beobachten :-)

> **Lichtabhängigkeit**
> Wird der Schlaf auch aufgezeichnet, wenn ich einschlafe, ohne zuvor das Licht auszuschalten?

Die Schlaferkennung erfolgt nicht mithilfe des Umgebungslichts, denn das Mi Band verfügt nicht über einen solchen Sensor. Es ist also für die Aufzeichnung vollkommen egal, ob Ihre Umgebung hell erleuchtet ist oder nicht, wenn Sie schlafen.

Weitere Informationen zur Funktionsweise der Schlaferkennung finden Sie im Kapitel "Funktionsweise Schlafaufzeichnung".

> **Mittagsschlaf**
>
> Fließt auch ein kurzes Schläfchen in meine Schlafstatistik mit ein (z. B. ein Mittagsschlaf)?

Nein, die Schlafstatistik unterstützt lediglich den "Hauptschlaf", jedoch keine kurzen Nickerchen. Die Weckfunktion per Vibration funktioniert natürlich auch tagsüber.

Anzahl der Weckzeiten
Kann ich mehr als drei Weckzeiten festlegen?

Nein, es können maximal drei Weckzeiten können festgelegt werden.

> **Vibrationen ändern**
>
> Ich werde vom Mi Band nicht wach, da die Vibration wohl für mich zu schwach bzw. zu kurz ist. Kann ich die Dauer bzw. die Intensität der Vibration für den Wecker ändern?

Nein, weder die Intensität noch die Anzahl der Vibrationen lässt sich direkt in der Mi Fit-App verändern. Nicht jeder Mensch ist für die Weckmethode per Vibration empfänglich. Bei einigen Menschen funktioniert sie gar nicht, und bei manchen nur während der Leichtschlafphase. Sollte letzteres der Fall sein, müssen Sie sich unbedingt noch einen anderen Wecker zur Sicherheit stellen.

Um die Anzahl der Vibrationen außerhalb der Mi Fit-App zu erhöhen, ist folgender Trick möglich: Binden Sie ein oder mehrere zusätzliche Wecker-Apps ein, die eine Benachrichtigung (und damit eine Vibration) auslösen. Die Anzahl der Vibrationen lässt sich in ausgefeilteren Wecker-Apps beliebig justieren. Beachten Sie jedoch, dass bei sehr häufigem Vibrieren die Akkulaufzeit des Mi Bands drastisch absinkt.

Nutzer von Android können schließlich durch Verwendung einer zusätzliche App („Mi Band Alarm Sound") eine direkte Kopplung des gesetzten Alarms zum Smartphone realisieren. Hierfür muss in den Einstellungen dieser App ein zusätzliches Profil namens „Mi_Band_Wake_Action" importiert werden:

Link Mi Band Alarm Sound:
http://forum.xda-developers.com/showpost.php?p=58456340
Link Profil „Mi_Band_Wake_Action":
http://forum.xda-developers.com/showpost.php?p=58375400

Autarker Wecker?
Funktioniert die Weckfunktion auch ohne Smartphone, oder muss eine Verbindung per Bluetooth bestehen?

Der Wecker arbeitet komplett eigenständig, d. h., es muss keine Verbindung zum Handy bestehen. Nach dem Einstellen der Weckzeit in der App muss lediglich einmal eine erfolgreiche Synchronisierung (via Bluetooth) erfolgen.

> **Early Bird Alarm**
>
> Welche Möglichkeiten gibt es, mich vom Mi Band wecken zu lassen?

Grundsätzlich werden zwei Modi angeboten:
1. Traditioneller Wecker
2. Early Bird Alarm / intelligenter Wecker

1. Traditioneller Wecker: Der Early Bird Alarm wurde nicht aktiviert. Das Mi Band weckt Sie exakt zu der von Ihnen eingestellten Uhrzeit und vibriert dabei bis zu fünf Mal.

2. Early Bird Alarm / intelligenter Wecker: Hierbei handelt es sich um eine flexible Weckfunktion, die versucht, Sie ausschließlich während einer Leichtschlafphase zu wecken. Viele Menschen empfinden es nämlich wesentlich angenehmer, nicht aus der tiefsten Schlafphase gerissen zu werden. Um dieses Ziel zu erreichen, berücksichtigt das Mi Band einen Zeitraum von 30 Minuten vor Ihrer eingestellten Weckzeit. Um Umkehrschluss bedeutet dies natürlich, dass Sie im Zweifel etwas früher als notwendig geweckt werden. Hier müssen Sie also abwägen, was das geringere Übel für Sie ist: Die fehlenden Minuten beim Early Bird Alarm oder das möglicherweise "unsanftere" Wecken zu einer exakten Uhrzeit beim traditionellen Wecker.

Zur Verdeutlichung hier noch mal das Schema der Weckfunktion im Early Bird Alarm-Modus: 30 Minuten vor spätester Weckzeit -> Schlafphase prüfen -> Falls Tiefschlafphase = warten, falls Leichtschlafphase = wecken. Dieses Schema wird in einem Intervall von ca. 5 Minuten erneut abgeprüft, sofern nicht zuvor aufgrund bestimmter Einzelbewegungen eine Leichtschlafphase erkannt wurde.

Im Early Bird-Modus erfolgen die Vibrationen nicht einfach fünfmal stur hintereinander, sondern in mehreren Anläufen (integrierte Snooze- / Schlummerfunktion). Dies erfolgt nach folgendem Muster:

- Dreimal vibrieren, 1 Minute Pause
- Dreimal Vibrieren, 3 Minuten Pause
- Dreimal Vibrieren
- Bleiben Sie nun immer noch im Bett liegen, vibriert es noch einmalig fünfmal zur eigentlichen Zielweckzeit.

Allerdings sind von dem Muster in folgenden Fällen Abweichungen möglich:

- Erkennt das Band, dass Sie aufgestanden sind, vibriert es nur noch einmal zur eigentlichen Weckzeit.

- Sollten Sie innerhalb des 30-minütigen Zeitfensters keine Leichtschlafphase erreichen, vibriert das Mi Band zur eigentlichen Zielweckzeit fünf Mal.

Unabhängig vom gewählten Modus kann das Wecken per Vibration noch einen weiteren Vorteil haben: Der "stumme Wecker" betrifft ausschließlich Sie, niemand anderes wird unnötig mitgeweckt.

Schichtarbeiter
Funktioniert die Schlafaufzeichnung nur nachts?

Nein, da die Schlaferkennung – vollkommen unabhängig von der Uhrzeit –, rein auf Basis der Daten des Beschleunigungssensors erfolgt. Insofern funktioniert die Aufzeichnung bei Schichtarbeitern, die ihre "Hauptschlafphase" tagsüber haben, problemlos. Ein kurzes Nickerchen bzw. ein Mittagsschlaf wird hingegen nicht in der Schlafstatistik berücksichtigt.

> **Weckfunktion abbrechen**
>
> `Vibriert das Mi Band erneut, wenn man es nicht ausstellt?`

Ja, außer

- Sie klopfen bei der ersten Vibrationsabfolge auf den Kern und schlafen dann trotzdem weiter oder
- Sie stehen auf und das Mi Band erkennt dieses korrekt.

> **Schlafzeit manuell anpassen**
> Die getrackte Schlafzeit stimmt nicht. Kann ich sie manuell ändern?

Ja, für die zurückliegende Nacht können Sie die erfasste Schlafzeit auch manuell anpassen. Dies kann z. B. notwendig sein, wenn nach einer längeren Wachphase ein erneutes Einschlafen nicht erkannt wird oder Sie vor dem Einschlafen noch einige Zeit sehr ruhig gelegen haben (z. B. beim TV schauen im Bett).

Klicken Sie einfach bei der Detailansicht (Startseite / Nacht / Doppelklick auf die Zeit) auf den kleinen Stift neben der Einschlaf- und Aufwachzeit und schon können Sie die erfassten Zeiten ändern.

Zu guter Letzt

Haben Sie Anregungen, Ergänzungen oder einen Fehler gefunden? Ist etwas nicht verständlich erklärt, funktioniert ein beschriebener Ablauf nicht?

Wir freuen uns über Anregungen, Lob und Kritik.

Nutzen Sie dafür einfach unser Kontaktformular:
http://miband-handbuch.de/kontakt

Neuigkeiten zum Mi Band finden Sie auf der Begleithomepage zum Buch:
http://www.miband-handbuch.de/

Abschließend wünschen wir Ihnen viel Spaß mit dem Mi Band :-)

Buchtipp //

Möchten Sie WordPress sicher wie eine Festung machen? Dann müssen Sie dieses Buch lesen! //

Dieses Buch zeigt Ihnen Maßnahmen, um Ihren Blog wirkungsvoll abzusichern: Vom einfach Basis-Schutz, der mit wenig Aufwand umsetzbar ist, bis hin zur anspruchsvollen Profi-Abhärtung. Stellen Sie sich Ihr individuelles Sicherheitskonzept zusammen und schützen Sie WordPress dauerhaft gegen lästige Angriffe!

Der Leitfaden für WordPress-Nutzer! //

- Erfahren Sie mehr über die Sicherheitslücken der beliebten Blog-Software.
- Lernen Sie, wie Sie neue und auch bestehende WordPress-Installationen absichern.
- Lesen Sie, welche Sicherheits-Plug-ins wirklichen Mehrwert bringen.
- Basis-Schutz oder Profi-Abhärtung? Sie Entscheiden!

Praxiswissen von WordPress-Profi Stefan Birkmeier – Ab sofort in allen Buchhandlungen erhältlich!

http://www.wordpress-absichern.de/

www.ingramcontent.com/pod-product-compliance
Lightning Source LLC
Chambersburg PA
CBHW071213240526
45470CB00018B/1856